病床数量

1000 张

累计收治患者数量

3059 人

累计治愈患者数量

2961 人

占地面积

约 **5 万** 平方米

防渗膜面积

5 万 平方米

医护人员感染数量

0 人

指导单位

中国建筑第三工程局有限公司

编委会

主　　任　叶　青　卢　松

成　　员　白雪剑　明　磊　洪　旭　向文秘　韩成林

图书在版编目（CIP）数据

日夜火神山 / 郭雪婷著；三足金乌绘. — 北京：北京科学技术出版社，2022.11
ISBN 978-7-5714-2583-8

Ⅰ. ①日… Ⅱ. ①郭… ②三… Ⅲ. ①传染病医院-建筑设计-儿童读物 Ⅳ. ① TU246.1-49

中国版本图书馆 CIP 数据核字 (2022) 第 172320 号

策划编辑：刘婧文　沈　韦	电　　话：0086-10-66135495（总编室） 　　　　　0086-10-66113227（发行部）
责任编辑：张　芳	
营销编辑：李尧涵	网　　址：www.bkydw.cn
图文制作：天露霖文化	印　　刷：北京捷迅佳彩印刷有限公司
责任印制：李　茗	开　　本：889 mm × 1194 mm　1/16
出 版 人：曾庆宇	字　　数：28 千字
出版发行：北京科学技术出版社	印　　张：2.25
社　　址：北京西直门南大街 16 号	版　　次：2022 年 11 月第 1 版
邮政编码：100035	印　　次：2022 年 11 月第 1 次印刷
ISBN 978-7-5714-2583-8	

定　　价：58.00 元

日夜火神山

郭雪婷◎著　　三足金乌◎绘

北京科学技术出版社
100层童书馆

新冠病毒气势汹汹地侵袭了整座城市，人们必须马上建起一座超级医院。

建设人员立刻行动起来，在城市外围找到了适合建医院的地点。

选址条件一
交通便利，方便物资运送。

选址条件二

　　远离市中心，人口稀少，病毒扩散的风险低。

选址条件三

　　处于城市的下风，病毒不会被风"吹"到城市中。

3

办公室内

接到这个紧急任务后，设计师立刻争分夺秒地开始了设计工作。

倒计时 10 天

项目启动24小时内，设计师完成了图纸设计工作，医院的功能分区等确定完毕。

60个小时后，给排水设计师、暖通设计师和机电设计师分别设计出了建筑的上下水、通风和电路系统。

为了节省时间，施工的准备工作也在同步进行。几千名建设者从各地迅速赶到施工现场。

在通往施工现场的路上，绵延两千米的工程车队运来了后勤保障物资和建筑材料。

施工的第一步是平整土地，保证场地平坦。

1. 拆除现有的旧建筑。

▲ 渣土车

也称拉土车、运渣车，是用来运送沙石、渣土等建筑材料的卡车。

▲ 挖掘机

又称挖土机，铲斗可用来挖土。

3. 挖出场地鱼塘内的淤泥。

经过平整的土地平坦、开阔，并且有足够的承载力，不会因为地面上新建建筑而沉降、变形。

2. 推平场地内的几座小土山。

◀ **推土机**
前部装有大型推土铲，可以向前铲削并推送泥、沙及石块等，也可以用来清除其他障碍物。

4. 填补低洼地。

▶ **压路机**
前部有巨大的滚轮，用来将松软的土地压实。

5. 将土地压实。

🏟 ×7

🏊 ×57

一天内，建设者平整的土地有7个足球场那么大，运走的土足以填满57座标准游泳池。

7

在对土地进行平整的过程中，建设者还要把污水管道、自来水管道和电缆管道等设施埋设好。

1. 挖出用来埋放管道的沟槽。

2. 将管道放入沟槽内。

倒计时 **8** 天

3. 填平沟槽，再平整地面。

与此同时，通信工程师在工地上搭建起5G网络基站。

在土方工程全面展开的同时，通信工程师在铺设通信光缆，为将光缆接入医院做准备。

在施工过程中，高速网络可以让建设者与外界随时保持沟通。

高速网络还可以让全世界的人实时了解医院的建设过程。

完整的施工图纸被送到了施工现场，建设者开始了下一步的建设。

▶ **叉车**
　　用来搬运、装卸货物，与其他车相比个头小、行动灵活。

高密度聚乙烯防渗膜
　　一种像塑料膜一样的材料，可以防止污水渗入土壤导致的自然环境的污染。

土工布

高密度聚乙烯防渗膜

土工布
　　可以保护高密度聚乙烯防渗膜，阻隔砂子中的尖锐颗粒。

　　在平整后的场地上，建设者先依次铺上不同的建筑材料，再放置钢筋，最后浇筑混凝土。静置几个小时后，混凝土凝固，形成了一个坚硬、平整的平台——这就是基础。

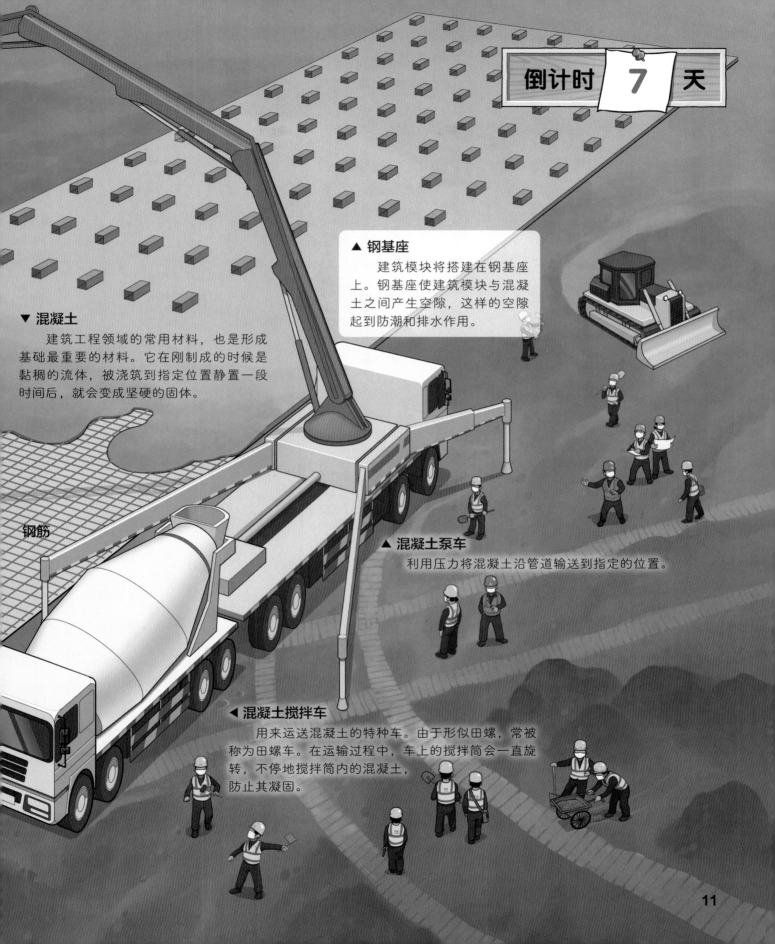

▲ 钢基座

建筑模块将搭建在钢基座上。钢基座使建筑模块与混凝土之间产生空隙，这样的空隙起到防潮和排水作用。

▼ 混凝土

建筑工程领域的常用材料，也是形成基础最重要的材料。它在刚制成的时候是黏稠的流体，被浇筑到指定位置静置一段时间后，就会变成坚硬的固体。

钢筋

▲ 混凝土泵车

利用压力将混凝土沿管道输送到指定的位置。

◀ 混凝土搅拌车

用来运送混凝土的特种车。由于形似田螺，常被称为田螺车。在运输过程中，车上的搅拌筒会一直旋转，不停地搅拌筒内的混凝土，防止其凝固。

11

建一座医院一般需要几个月，甚至几年的时间。为了让医院在 10 天内建好，工程师采用了模块化预制装配的方式：就像搭积木一样，用现成的小块构件和配件，组装出一栋大的建筑。

▶ **预制装配式建筑**

预先在工厂里制作好建筑的构件和配件，再将它们运送到施工现场进行组装，这样建成的建筑叫作预制装配式建筑。

模块化

每个建筑模块大小相同，也就是说，每块"积木"都是一样的。

集装箱式活动板房

　　6 米长、3 米宽、2.9 米高的 "小房间"。工程师将这种 "小房间" 作为一个建筑模块，因为它比较轻，对基础的牢固度要求较低，可以大大节省施工时间。

构件

　　组成建筑物某一结构的单元，比如墙板、楼板、柱子等。

◀ **配件**

　　装配用的零件或部件，比如螺栓、预埋件等辅助材料。

多种构件和配件可以组装成一间集装箱式活动板房，
多个活动板房再由配件连接，组成整栋建筑。

在施工场地周围，建设者先将建筑构件和配件组装成集装箱式活动板房，也就是建筑模块。

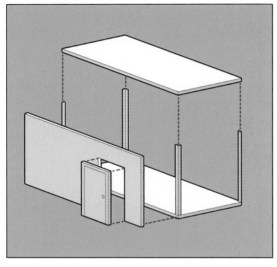

1. 两块楼板与四根柱子组合在一起，形成一个建筑模块，某些模块还需要安装墙板和门窗。

2. 在施工场地周围组装好的建筑模块由运输车运到场地内相应的位置。

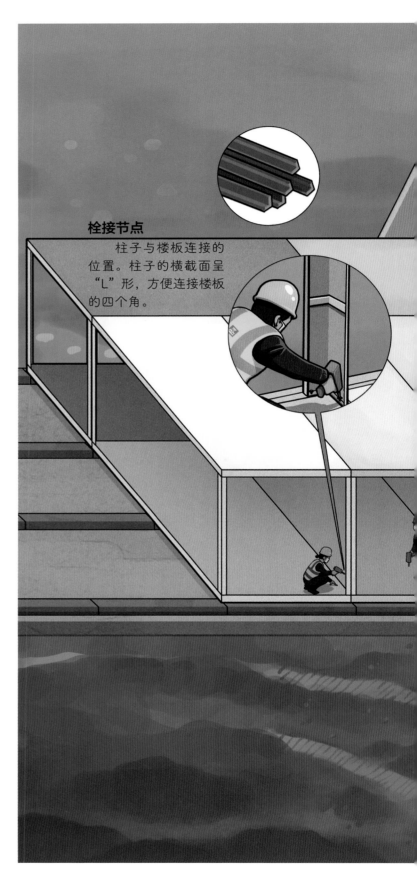

栓接节点
　　柱子与楼板连接的位置。柱子的横截面呈"L"形，方便连接楼板的四个角。

终于可以搭建建筑主体了。
建筑模块被准确放置在指定位置。

3. 吊车将建筑模块吊起，在建设者的协助下，将建筑模块放在相应的钢基座上。

▲ 吊车
    也叫起重机，就像大力士一样，可以把很重的建筑材料吊起来，再将其运送到指定地点放下。

走廊模块与病房模块垂直摆放。

但是在搭建建筑模块时，工程师还需要解决一个问题。

在施工图纸中，每个病房模块的尺寸为 6 米 × 3 米 × 2.9 米；这样两条短边正好对应一条长边。

但现有的建筑构件长 6.05 米，宽 2.99 米，这个尺寸与设计尺寸之间存在细微误差。虽然单个建筑模块的误差很小，但多个建筑模块组合后就会出现明显的错位。

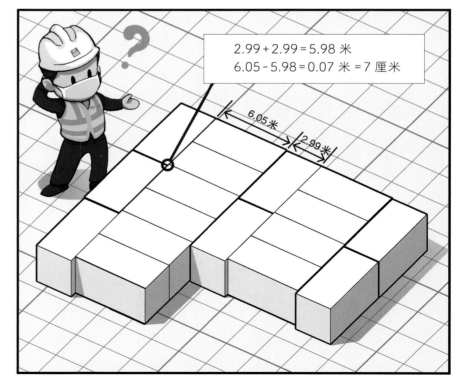

2.99 + 2.99 = 5.98 米
6.05 − 5.98 = 0.07 米 = 7 厘米

为了避免出现错位，工程师需要保证建筑模块的短边紧紧贴在一起（最小缝隙为0.012米），长边拼接的缝隙则要适当加大，这样一来误差就消除了。

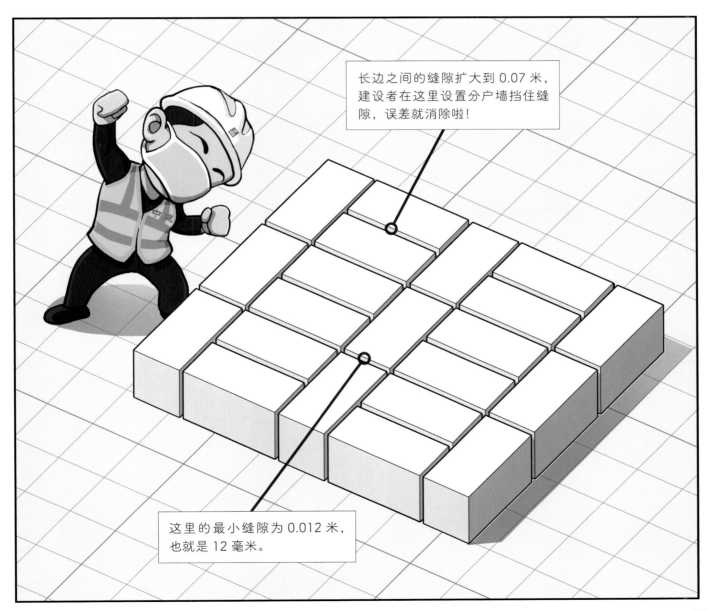

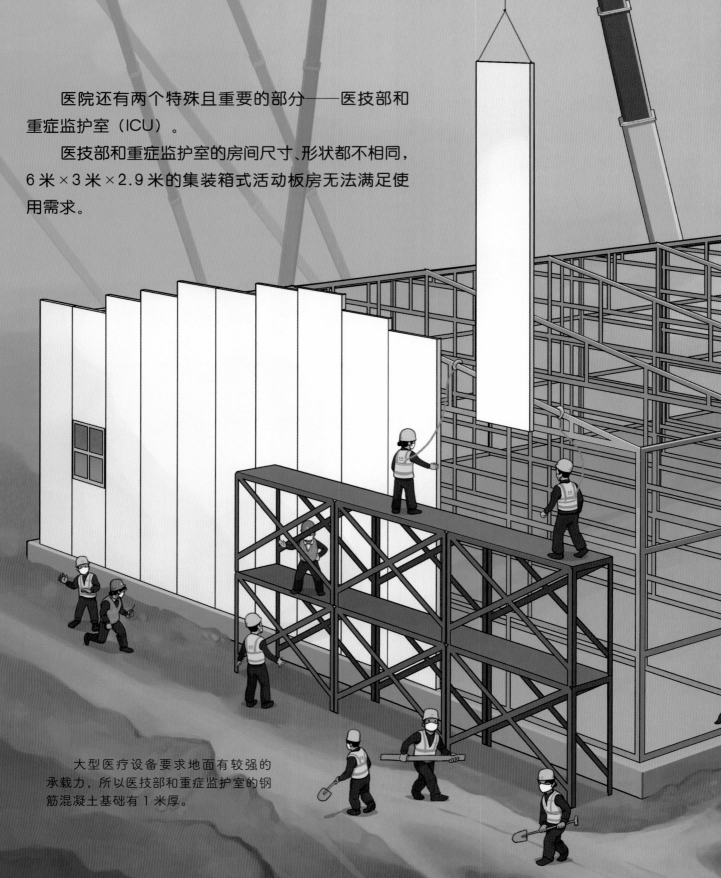

医院还有两个特殊且重要的部分——医技部和重症监护室（ICU）。

医技部和重症监护室的房间尺寸、形状都不相同，6米×3米×2.9米的集装箱式活动板房无法满足使用需求。

大型医疗设备要求地面有较强的承载力，所以医技部和重症监护室的钢筋混凝土基础有1米厚。

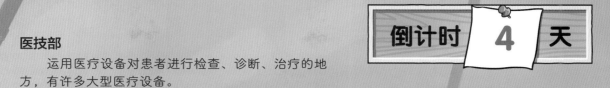

医技部

运用医疗设备对患者进行检查、诊断、治疗的地方，有许多大型医疗设备。

重症监护室

收治危重症患者，有特殊的监护和抢救设备。

所以，工程师决定改用预制好的钢架和墙板进行搭建，先使用钢架搭起结构的"骨架"，再安装墙板和屋顶。

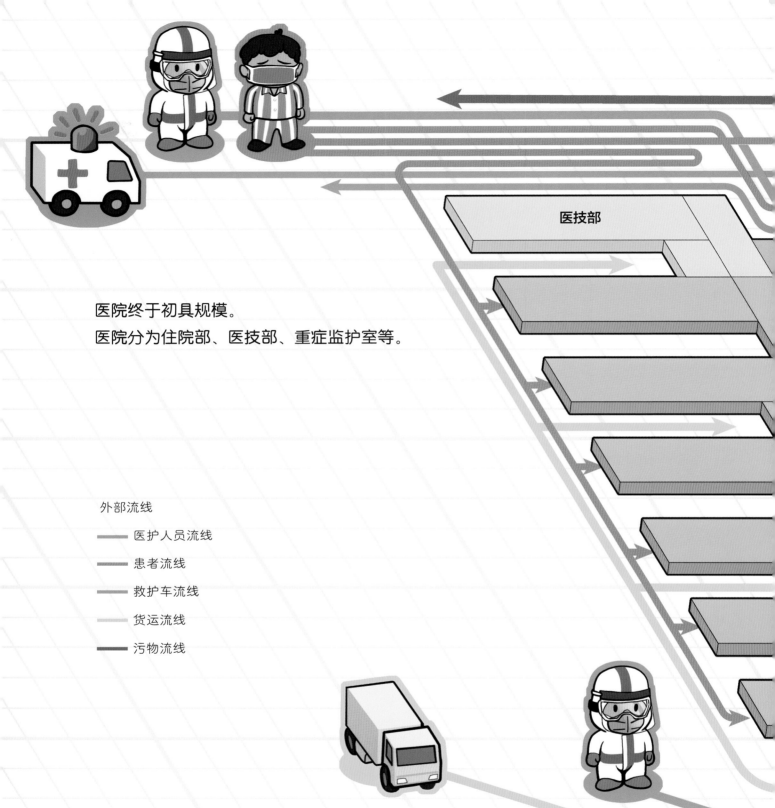

医院终于初具规模。
医院分为住院部、医技部、重症监护室等。

医技部

外部流线

—— 医护人员流线

—— 患者流线

—— 救护车流线

—— 货运流线

—— 污物流线

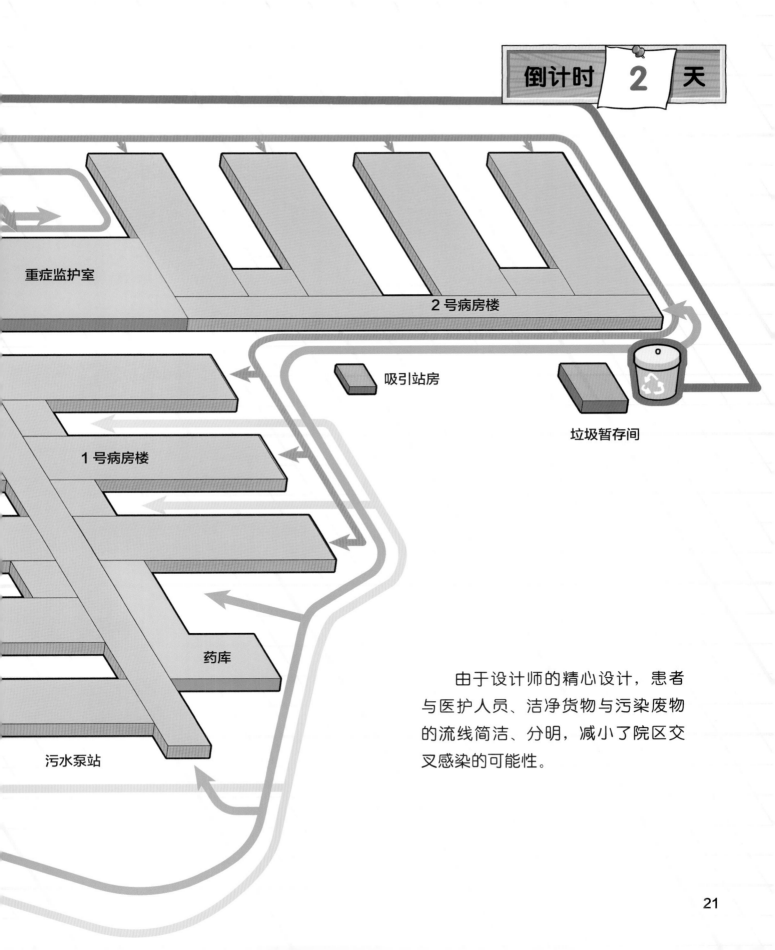

重症监护室

2 号病房楼

吸引站房

垃圾暂存间

1 号病房楼

药库

污水泵站

由于设计师的精心设计，患者与医护人员、洁净货物与污染废物的流线简洁、分明，减小了院区交叉感染的可能性。

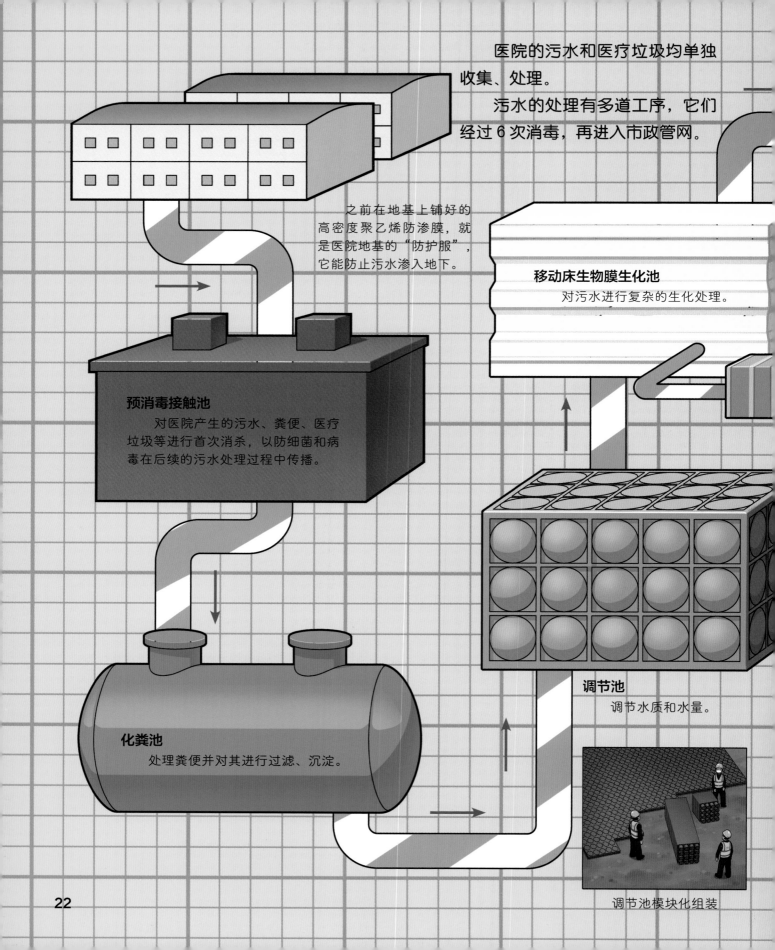

医院的污水和医疗垃圾均单独收集、处理。

污水的处理有多道工序，它们经过 6 次消毒，再进入市政管网。

之前在地基上铺好的高密度聚乙烯防渗膜，就是医院地基的"防护服"，它能防止污水渗入地下。

移动床生物膜生化池
对污水进行复杂的生化处理。

预消毒接触池
对医院产生的污水、粪便、医疗垃圾等进行首次消杀，以防细菌和病毒在后续的污水处理过程中传播。

调节池
调节水质和水量。

化粪池
处理粪便并对其进行过滤、沉淀。

调节池模块化组装

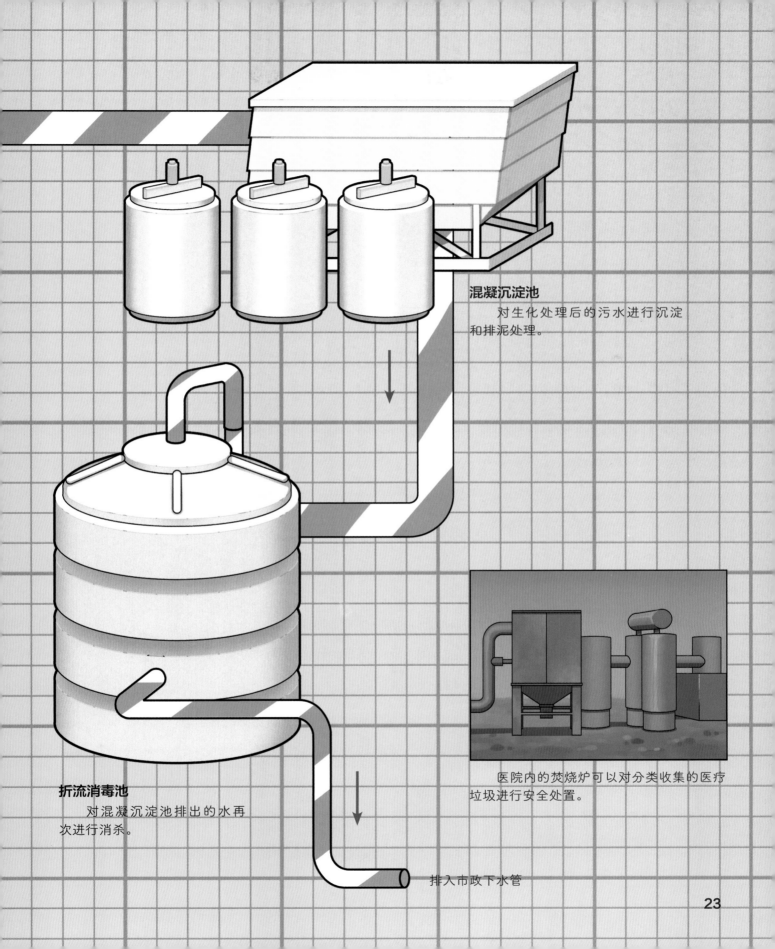

混凝沉淀池
　　对生化处理后的污水进行沉淀和排泥处理。

折流消毒池
　　对混凝沉淀池排出的水再次进行消杀。

医院内的焚烧炉可以对分类收集的医疗垃圾进行安全处置。

排入市政下水管

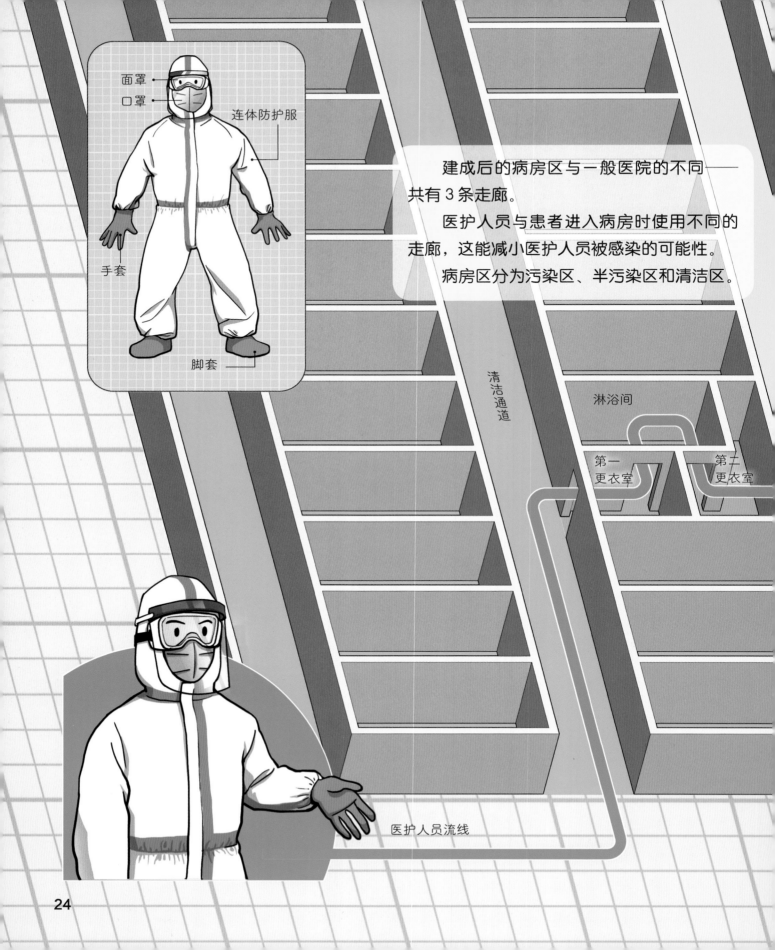

面罩

口罩

连体防护服

手套

脚套

清洁通道

淋浴间

第一
更衣室

第二
更衣室

建成后的病房区与一般医院的不同——
共有3条走廊。

医护人员与患者进入病房时使用不同的
走廊，这能减小医护人员被感染的可能性。

病房区分为污染区、半污染区和清洁区。

医护人员流线

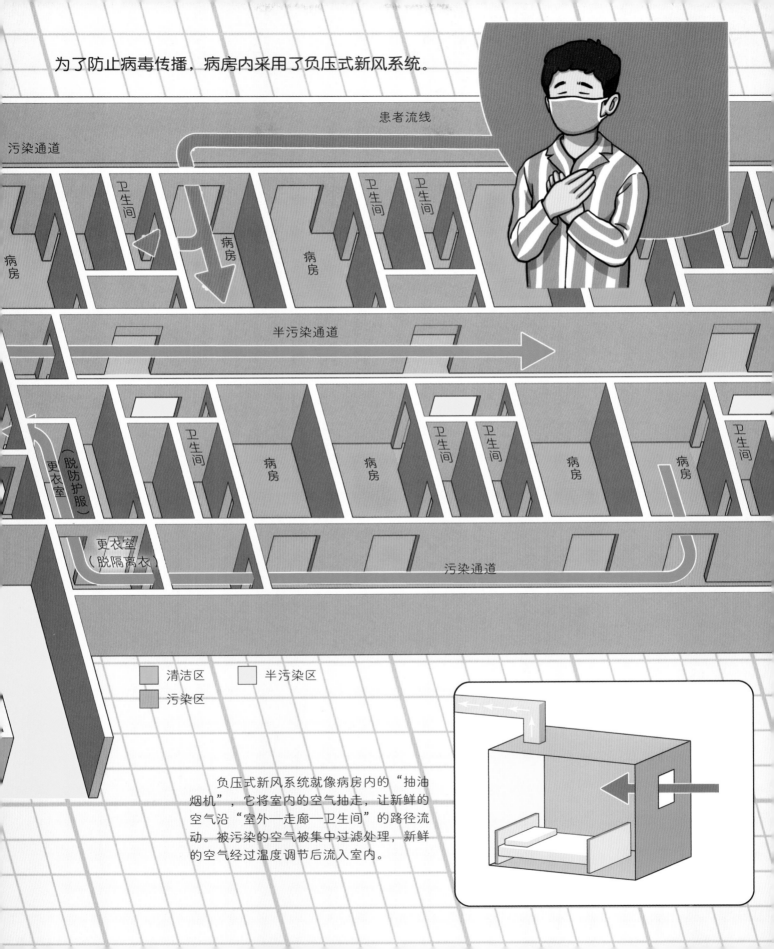

为了防止病毒传播，病房内采用了负压式新风系统。

污染通道

患者流线

卫生间

病房

病房

病房

半污染通道

更衣室（脱防护服）

卫生间

病房

病房

卫生间

卫生间

病房

病房

卫生间

卫生间

更衣室（脱隔离衣）

污染通道

清洁区　　半污染区
污染区

负压式新风系统就像病房内的"抽油烟机"，它将室内的空气抽走，让新鲜的空气沿"室外—走廊—卫生间"的路径流动。被污染的空气被集中过滤处理，新鲜的空气经过温度调节后流入室内。

建筑主体建设完成后，建设者还要在病房内安装各种设施，为患者提供安全、舒适的治疗环境。

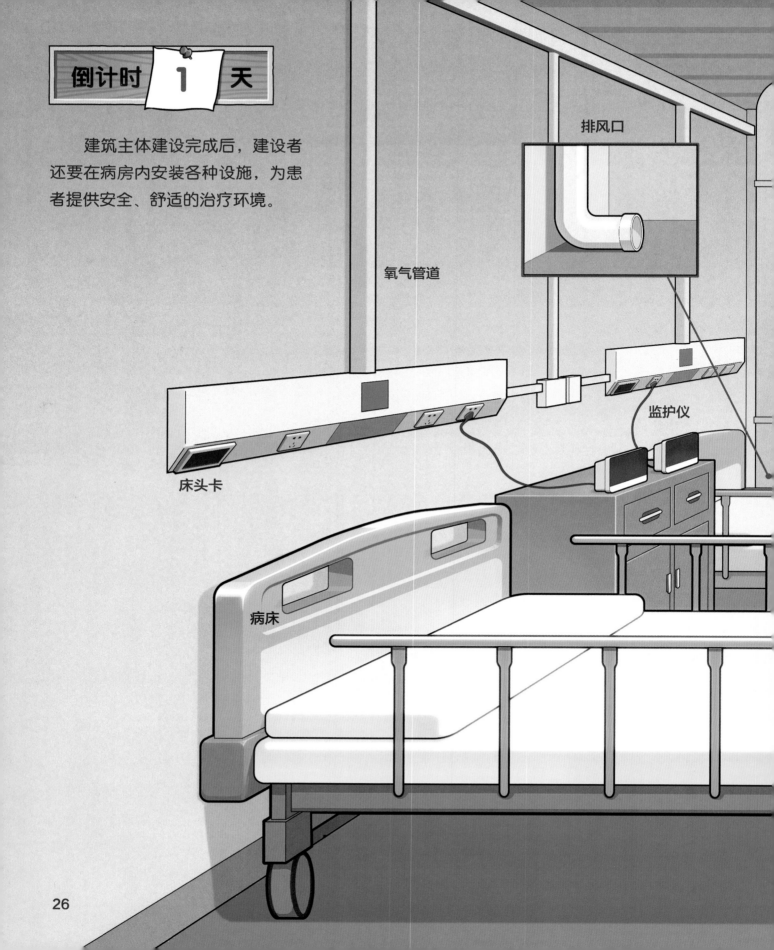

排风口

氧气管道

监护仪

床头卡

病床

▼ 观察窗

　　医护人员不用进入病房就可以了解患者的情况。

▼ 传递窗

　　方便医护人员为患者递送药品、食物等。有专用的紫外线杀毒设备，可以及时对细菌和病毒进行消杀。

电视

13 500 多名建设者 10 天 10 夜不眠不休，终于将超级医院建成了！

接下来，患者将陆续入住医院，大多数建设者则返回家乡。不过，还有几百名建设者留在这里负责医院运营维护工作，他们随时待命，保障医院 24 小时正常运转。

医院终于建成了！

10 天创造的建筑奇迹

从设计外观到夯实地基，从架起结构到安装内部管线，建造一栋建筑往往需要花费大量时间。可有的时候，我们不得不和时间赛跑……

2020 年初，武汉急需增建新的医院，而建医院非常复杂——不仅要满足患者的需求，还要保证病毒不在医院内扩散。一座医院从开工到竣工通常要耗时两年。快速建起一座医院，几乎是不可能完成的任务。

然而，正如我们在本书中看到的那样，火神山医院仅用了 10 天就建成了！设计师、工程师和建设者用自己的智慧和力量，争分夺秒，创造了建筑领域的速度奇迹。

在这速度奇迹的背后，先进的建筑技术功不可没。模块化预制装配技术发挥了重要作用——建设者像搭积木一样，用现成的小块构件和配件，组装出建筑模块。火神山医院的病房和污水、医疗垃圾处理系统等采用了模块化建造的方式，这样做降低了物资采购的难度，加快了施工速度，雷神山医院的建设也采用了同样的方式。

预制装配式建筑可拆卸、可移动，占用土地资源较少；安装起来方便、高效，用工量小。除了在"两山"医院的建设中得到应用，这一建造方式未来还会用于更多场合，我们会见到集装箱式住宅、可拆卸的体育场……建筑技术的发展让奇妙的建筑迅速由设计方案变成现实。

除了模块化预制装配技术外，其他科技力量的贡献也不容小觑。负压式新风系统、"两布一膜"整体防渗技术、5G、人工智能、物联网等，确保了工程的高效推进。

建筑技术的发展使工期得以缩短，使得建筑可以满足人们急迫的需求。小朋友们，你们在畅想未来时，想必也想象过未来的建筑吧？了解建筑领域的新技术，一定能激发你们的奇思妙想。期待你们未来创造出更多的建筑奇迹！

编委会